BEI GRIN MACHT SICH IHR WISSEN BEZAHLT

- Wir veröffentlichen Ihre Hausarbeit,
  Bachelor- und Masterarbeit

- Ihr eigenes eBook und Buch -
  weltweit in allen wichtigen Shops

- Verdienen Sie an jedem Verkauf

Jetzt bei www.GRIN.com hochladen und kostenlos publizieren

Tobias Hemmert

Aus der Reihe: e-fellows.net stipendiaten-wissen

e-fellows.net (Hrsg.)

Band 222

Komplexe Zahlen

Konstruktion aus den reellen Zahlen, Darstellung und Anwendung in der Physik

GRIN Verlag

Bibliografische Information der Deutschen Nationalbibliothek:

Die Deutsche Bibliothek verzeichnet diese Publikation in der Deutschen National-
bibliografie; detaillierte bibliografische Daten sind im Internet über http://dnb.d-
nb.de/ abrufbar.

Impressum:

Copyright © 2010 GRIN Verlag GmbH
Druck und Bindung: Books on Demand GmbH, Norderstedt Germany
ISBN: 978-3-656-00717-3

Dieses Buch bei GRIN:

http://www.grin.com/de/e-book/178622/komplexe-zahlen

GRIN - Your knowledge has value

Der GRIN Verlag publiziert seit 1998 wissenschaftliche Arbeiten von Studenten, Hochschullehrern und anderen Akademikern als eBook und gedrucktes Buch. Die Verlagswebsite www.grin.com ist die ideale Plattform zur Veröffentlichung von Hausarbeiten, Abschlussarbeiten, wissenschaftlichen Aufsätzen, Dissertationen und Fachbüchern.

Besuchen Sie uns im Internet:

http://www.grin.com/

http://www.facebook.com/grincom

http://www.twitter.com/grin_com

Inhaltsverzeichnis

1 Einleitung   **3**

2 Grundlagen   **4**

2.1 Körperaxiome 4

2.2 Anordnungsaxiome 4

2.3 Additionstheoreme des Sinus und Cosinus 4

3 Vorüberlegungen zu komplexen Zahlen   **5**

3.1 Notwendigkeit der Erweiterung des Zahlbereichs 5

3.2 Die imaginäre Einheit 5

3.3 Kritik an bisheriger Vorgehensweise 5

4 Algebraische Einführung der komplexen Zahlen   **6**

4.1 Komplexe Zahlen als geordnete Paare reeller Zahlen 6

4.2 Konstruktion der Menge $\mathbb{C}$ 6

4.3 Beweis der geforderten Eigenschaften 6

4.4 Bemerkung 7

5 Zur Anordbarkeit von $\mathbb{C}$ **7**

6 Geometrische Darstellung komplexer Zahlen   **8**

6.1 Die Gaußsche Zahlenebene 8

6.2 Vektorinterpretation 8

6.3 Polarkoordinatendarstellung komplexer Zahlen 9

6.4 Geometrische Darstellung der Addition und Multiplikation 9

    6.4.1 Darstellung der Addition 9

    6.4.2 Darstellung der Multiplikation 10

7 Anwendung komplexer Zahlen in der Physik   **11**

7.1 Was ist eine Schwingung? 11

7.2 Die ungedämpfte harmonische Schwingung 11

    7.2.1 Allgemeines 11

    7.2.2 Die Differentialgleichung des harmonischen Oszillators 12

    7.2.3 Betrachtung der Schwingung einer Feder 12

7.3 Die gedämpfte harmonische Schwingung 13

8 Nachwort   **15**

9 Literaturverzeichnis   **16**

1 Einleitung

Die vorliegende Facharbeit soll eine Einführung in den Bereich der komplexen Zahlen darstellen. Die Existenz dieser Zahlen haben Mathematiker bereits im 16. Jahrhundert angenommen. Einen Beweis, dass sie wirklich widerspruchsfrei zu den reellen Zahlen waren, gab es aber zu dieser Zeit nicht. Deshalb umgab die komplexen Zahlen zunächst etwas Geheimnisvolles, da man sich unter ihnen nichts Konkretes vorstellen konnte. Erst vor etwa 300 Jahren trugen die Mathematiker William Hamilton und Carl Friedrich Gauß maßgeblich dazu bei, die komplexen Zahlen korrekt einzuführen.

Am Anfang dieser Arbeit werden Begriffe eingeführt, die in der Schule nicht gebräuchlich, für das Verständnis der Facharbeit jedoch unerlässlich sind. Danach wird anhand des Lösens quadratischer Gleichungen anschaulich aufgezeigt, warum die reellen Zahlen nicht ausreichen und zu den komplexen Zahlen überhaupt erweitert werden müssen. Im Anschluss wird die Menge der komplexen Zahlen algebraisch eingeführt. Dabei wird sich zeigen, dass sie in vielerlei Hinsicht der Menge der reellen Zahlen ähnelt, so zum Beispiel, dass die Gesetze der Grundrechenarten erhalten bleiben.

Nach diesem algebraischen Teil wird auf die geometrische Darstellung komplexer Zahlen in der sogenannten Gaußschen Zahlenebene eingegangen. Dabei soll gezeigt werden, dass die komplexen Zahlen, die zunächst äußerst abstrakt wirken, mit einer konkreten Vorstellung verbunden werden können.

Um die Facharbeit abzurunden, wird im letzten Teil eine Anwendung komplexer Zahlen in der Physik vorgestellt, nämlich die Lösung der Schwingungsgleichung durch komplexen Ansatz.

Da der Umfang dieser Arbeit begrenzt ist, mussten wichtige Themen wie der Fundamentalsatz der Algebra oder Abbildungen in komplexen Zahlen weggelassen werden. Dadurch wird jedoch die Verständlichkeit in keinem Maße eingeschränkt. Es geht weniger darum, mit komplexen Zahlen zu rechnen, da hier zum größten Teil wie mit reellen Zahlen verfahren werden kann. Vielmehr sollen das Wesen und die Struktur der komplexen Zahlen aufgezeigt und bewiesen werden. Denn nur darin wird ihre Schönheit und Eleganz erkennbar.

2 Grundlagen

In diesem Abschnitt sollen Grundlagen aufgelistet werden, die nicht notwendigerweise aus dem Schulunterricht bekannt sind, auf die aber in der Facharbeit zurückgegriffen wird.

2.1 Körperaxiome

Gegeben sei eine nichtleere Menge M. In dieser seien eine Addition und eine Multiplikation so definiert, dass je zwei Elementen a und b aus M eindeutig eine Summe $a + b$ und ein Produkt $a \cdot b$ in M zugeordnet sind. Diese Menge M heißt Körper, wenn für alle $a, b, c \in M$ gilt:

(1) Kommutativgesetze: $a + b = b + a$ und $a \cdot b = b \cdot a$

(2) Assoziativgesetze: $a + (b + c) = (a + b) + c$ und $a \cdot (b \cdot c) = (a \cdot b) \cdot c$

(3) Distributivgesetz: $a \cdot (b + c) = a \cdot b + a \cdot c$

(4) Existenz neutraler Elemente: *Es gibt ein Element* 0 *und ein hiervon verschiedenes Element* 1, *so dass für jedes gilt:* $a + 0 = a$ *und* $a \cdot 1 = a$.

(5) Existenz inverser Elemente: *Zu jedem* a *gibt es ein Element* $-a$ *mit* $a + (-a) = 0$; *ferner gibt es zu jedem von* 0 *verschiedenen* a *eine reelle Zahl* a^{-1} *mit* $a \cdot a^{-1} = 1$.

2.2 Anordnungsaxiome

K sei ein Körper und a, b, c seien Elemente dieses Körpers. Außerdem sei eine Relation $a < b$ ("a kleiner b") in K definiert. Dann heißt K *angeordneter Körper*, wenn diese Relation folgenden Axiomen genügt:

Trichotomiegesetz: *Für je zwei Elemente* a, b *gilt genau eine der drei Beziehungen*
$$a < b, \qquad a = b, \qquad a > b$$

Transitivitätsgesetz: *Ist* $a < b$ *und* $b < c$, *so folgt* $a < c$.

Monotoniegesetze: *Ist* $a < b$, *so gilt*
$$a + c < b + c \text{ für alle } c \text{ und}$$
$$ac < bc \text{ für alle } c > 0.$$

2.3 Additionstheoreme des Sinus und Cosinus

Es gelten folgende Additionstheoreme:

(1) $\sin \alpha \cos \beta + \cos \alpha \sin \beta = \sin(\alpha + \beta)$

(2) $\cos \alpha \cos \beta - \sin \alpha \sin \beta = \cos(\alpha + \beta)$

3 Vorüberlegungen zu komplexen Zahlen

3.1 Notwendigkeit der Erweiterung des Zahlbereichs

Bereits im 16. Jahrhundert erkannten Mathematiker, dass die reellen Zahlen in gewisser Hinsicht unzulänglich waren. Beispielsweise lassen sich einige quadratische Gleichungen nicht mit reellen Zahlen lösen. Betrachten wir die Gleichung $x^2 = -9$. Da bekanntlich für alle reellen Zahlen $x^2 \geq 0$ gilt, besitzt diese Gleichung keine reelle Lösung. Daher reicht der reelle Zahlbereich insbesondere beim Beschreiben aller Lösungen bestimmter Polynomgleichungen nicht mehr aus.

3.2 Die imaginäre Einheit

Um die Unzulänglichkeit der reellen Zahlen, dass sich einige Gleichungstypen mit diesen allein nicht lösen lassen, zu beheben, definierten die Mathematiker folgendermaßen eine Zahl i:

Definition 1: Es sei i eine Zahl, für die gilt:

$$i^2 := -1$$

Da Quadrate reeller Zahlen immer positiv definiert sind, konnten sich die Mathematiker unter einer Zahl, deren Quadrat negativ sein soll, zunächst nichts vorstellen. Leonard Euler (1707-1783) sprach gar von "ohnmöglichen" und "eingebildeten" Zahlen. Deshalb wurde i der Name *Imaginäre Einheit* gegeben. Sie erwies sich als durchaus nützlich, da sich damit beispielsweise alle Lösungen quadratischer Gleichungen finden ließen.

Kehren wir deshalb zu unserer Gleichung $x^2 = -9$ zurück. Mit Definition 1 können wir sie nun lösen:
$x^2 + 9 = 0 \Leftrightarrow (x + 3i)(x - 3i) = 0 \Leftrightarrow x = -3i \lor x = 3i$.
Zahlen der Form $z_1 = bi$ mit $b \in \mathbb{R}$ heißen *rein imaginäre Zahlen*. Die Summe aus einer rein imaginären und einer reellen Zahl, also eine Zahl der Form $z = a + bi$ mit $a, b \in \mathbb{R}$, heißt _komplexe Zahl_. Dabei wird a als der *Realteil* und b als der *Imaginärteil* von z bezeichnet.

3.3 Kritik an bisheriger Vorgehensweise

Die komplexen Zahlen erwiesen sich für die Mathematiker als praktisch. Indem sie mit ihnen einfach nach den Regeln rechneten, die sie von den reellen Zahlen gewohnt waren, ließen sich alle Lösungen von Polynomgleichungen finden, was bereits der Mathematiker Gerolamo Cardano (1501-1576) in seinen Arbeiten tat.

Jedoch fehlte eine formale Einführung der komplexen Zahlen. Es wurde zwar erfolgreich mit ihnen gerechnet, ohne jedoch zu wissen, ob eine Zahl i überhaupt existierte und ob eine Einführung dieser überhaupt widerspruchsfrei war. Daher wurden die komplexen Zahlen lange Zeit zwar geduldet, über ihre Berechtigung und Begründung aber wusste man wenig.

Den entscheidenden Durchbruch, also eine exakte Begründung der komplexen Zahlen, lieferten erst William Rowan Hamilton (1805-1865) auf algebraischem und Carl Friedrich Gauß (1777-1855) auf geometrischem Wege.

4 Algebraische Einführung der komplexen Zahlen

In diesem Abschnitt wollen wir die komplexen Zahlen algebraisch exakt einführen. Dabei soll es von unserer Problemstellung in 3.1 ausgehend darum gehen, einen minimalen Erweiterungskörper von $\mathbb{R}$, den wir im Folgenden $\mathbb{C}$ nennen werden, zu konstruieren, in dem die Gleichung $x^2 + 1 = 0$ lösbar ist. Insgesamt soll $\mathbb{C}$ also folgenden Anforderungen genügen:

1. $\mathbb{C}$ ist ein Körper.

2. $\mathbb{C}$ enthält $\mathbb{R}$.

3. $\mathbb{C}$ enthält i.

4.1 Komplexe Zahlen als geordnete Paare reeller Zahlen

William Hamilton führte eine neue Definition von komplexen Zahlen ein. Er fasste eine komplexe Zahl $z = a + bi$ als geordnetes Paar $z = (a, b)$ zweier reellen Zahlen a und b auf. Diese Darstellung ist eindeutig und hat, wie wir später sehen werden, einige Vorteile.

4.2 Konstruktion der Menge $\mathbb{C}$

In Anlehnung an 4.1 werden wir nun die komplexen Zahlen $\mathbb{C}$ als Menge aller Elemente (a, b) mit $a, b \in \mathbb{R}$ definieren. Außerdem definieren wir Gleichheit sowie eine Addition und eine Multiplikation in $\mathbb{C}$:

Definition 2: Für die Menge der komplexen Zahlen $\mathbb{C} := \{(a, b) | a, b \in \mathbb{R}\}$ gilt:
$$\text{(i) } (a, b) = (c, d) :\Leftrightarrow a = c \wedge b = d$$
$$\text{(ii) } (a, b) + (c, d) := (a + c, b + d)$$
$$\text{(iii) } (a, b) \cdot (c, d) := (a \cdot c - b \cdot d, a \cdot d + b \cdot c)$$

Die Definition der Gleichheit, Addition und Multiplikation lehnt sich an die Überlegung an, dass für die komplexen Zahlen möglichst dieselben Rechenregeln gelten sollen wie für die reellen Zahlen. Deshalb ist es naheliegend, die Addition komplexer Zahlen als komponentenweise Addition der Real- und Imaginärteile zu definieren. Weiterhin wurde die Multiplikation so definiert, dass sie das Distributivgesetz erfüllt.

4.3 Beweis der geforderten Eigenschaften

Nun haben wir die Menge $\mathbb{C}$ konstruiert. Wir müssen aber noch zeigen, dass diese Menge mit den in Definition 2 festgelegten Verknüpfungen $(+, \cdot)$ den Anforderungen genügt, die wir zu Anfang des dritten Abschnittes an sie gestellt haben.

1. $\mathbb{C}$ ist ein Körper.

   Um dies zu beweisen, muss die Gültigkeit der Körperaxiome gezeigt werden. Diese zu zeigen ist trivial und folgt größtenteils direkt aus Definition 2 und aus den Körpereigenschaften der reellen Zahlen. Da der Beweis jedoch relativ langwierig ist, wird er hier aus Platzgründen nicht angegeben.

2. $\mathbb{C}$ enthält $\mathbb{R}$.

   Wir betrachten komplexe Zahlen der Form $(a, 0)$. Da der Imaginärteil Null ist, fällt dieser gewissermaßen weg und es bleibt nur der Realteil übrig. Rechnen wir nun statt mit $(a, 0)$ nur mit dem Realteil a, so erhalten wir genau dieselben Ergebnisse. Das Rechnen mit komplexen Zahlen, deren Imaginärteil Null ist, lässt sich also in das bloße Rechnen mit deren Realteil überführen. Wir können also gerdezu $(a, 0) = a$ setzen. Damit ist gezeigt, dass $\mathbb{R}$ Teilmenge von $\mathbb{C}$ ist[1].

---

[1]Ganz stimmt diese Aussage nicht. Genauer wäre: Eine Teilmenge von $\mathbb{C}$ ist den reellen Zahlen $\mathbb{R}$ *isomorph*. Der Begriff der Isomorphie würde für diese Facharbeit jedoch zu weit führen.

3. $\mathbb{C}$ enthält i.

Nach Definition 2 (iii) gilt:

$(0,1)^2 = (0,1) \cdot (0,1) = (0 \cdot 0 - 1, 0 \cdot 1 + 1 \cdot 0) = (-1,0) = -1 = i^2$, also insgesamt $i^2 = (0,1)^2$.

Daraus folgt $i = (0,1)$. Da $(0,1) \in \mathbb{C}$, ist dies wegen $i = (0,1)$ äquivalent zu $i \in \mathbb{C}$, q.e.d.

Damit ist der Beweis abgeschlossen und wir haben einen Körper $\mathbb{C}$ konstruiert, der den Körper $\mathbb{R}$ so erweitert, dass nun auch Gleichungen wie $x^2 + 1 = 0$ in $\mathbb{C}$ gelöst werden können. Anzumerken ist noch, dass dieser Körper minimal ist, also keine überflüssigen Elemente enthält.

Es lässt sich zeigen, dass es keine andere sinnvolle Möglichkeit gibt, den Körper $\mathbb{R}$ auf diese Weise zu erweitern. Darauf soll jedoch hier nicht eingegangen werden.

4.4 Bemerkung

Dass wir die komplexen Zahlen nun exakt eingeführt haben, bringt uns einige Vorteile. Wir haben das Geheimnisvolle, das diese Zahlen umgab, genommen und haben auch Wichtiges über die Rechenregeln gefolgert: Da $\mathbb{C}$ ein Körper ist, gelten alle Regeln der "Buchstabenalgebra", die aus den Körperaxiomen gewonnen werden können und die für die reellen Zahlen gelten, auch für die komplexen Zahlen. Jedoch werden wir im nächsten Abschnitt sehen, dass wir trotz der genauen Übertragung der Rechenregeln eine Eigenschaft der reellen Zahlen aufgeben mussten - die Anordnung.

5 Zur Anordbarkeit von $\mathbb{C}$

Der Körper der reellen Zahlen ist ein angeordneter Körper. Das heißt, in $\mathbb{R}$ gelten das Trichotomiegesetz, das Transitivitätsgesetz und die Monotoniegesetze der Addition und Multiplikation.

Nun stellt sich die Frage, ob auch der Körper der komplexen Zahlen angeordnet ist. Es ist nicht schwierig, in $\mathbb{C}$ eine Relation anzugeben, die das Trichotomie- und das Transitivitätsgesetz erfüllt. Beispielsweise könnten wir definieren:

$$a + bi < c + di :\Leftrightarrow a < c \lor (a = c \land b < d)$$

Es lässt sich einfach zeigen, dass diese Definition tatsächlich das Trichotomie- und Transitivitätsgesetz erfüllt. Jedoch werden wir im Folgenden beweisen, dass in $\mathbb{C}$ keine derartige Relation definiert werden kann, die gleichzeitig mit den Monotoniegesetzen der Addition und Multiplikation verträglich ist, dass also $\mathbb{C}$ folglich keinen angeordneten Körper bildet.

Satz: $\mathbb{C}$ ist kein angeordneter Körper.

Beweis: Nehmen wir an, $\mathbb{C}$ sei angeordnet. Da $i \neq 0$, muss nach dem Trichotomiegesetz entweder $i > 0$ oder $i < 0$ gelten.

Betrachten wir zunächst den Fall $i > 0$. Wenden wir das Monotoniegesetz der Multiplikation an, so erhalten wir $i > 0 \Leftrightarrow i^2 > 0 \Leftrightarrow -1 > 0$ und nach nochmaliger Anwendung $i^4 > 0 \Leftrightarrow \underline{1 > 0}$. Addieren wir auf beiden Seiten der Ungleichung $-1 > 0$ nach dem Monotoniegesetz der Addition 1, so erhalten wir $-1 + 1 > 0 + 1 \Leftrightarrow 0 > 1$, also $\underline{1 < 0}$. Daher gilt sowohl $1 < 0$ als auch $1 > 0$, was ein Widerspruch zum Trichotomiegesetz ist.

Auf ähnliche Weise lässt sich der Fall $i < 0$ zum Widerspruch führen.

Also war unsere Annahme, $\mathbb{C}$ sei ein angeordneter Körper, falsch, q.e.d.[2]

Auf der Tatsache, dass $\mathbb{C}$ nicht angeordnet ist, beruhen wohl auch die Schwierigkeiten, die Mathematiker zunächst mit den komplexen Zahlen hatten. Denn bis auf die komplexen Zahlen war der Begriff "Zahl" immer untrennbar mit der Anordnung verbunden.

---

[2]Beweis in Anlehnung an *Niederdrenk-Felgner 1994, 41 f*

6 Geometrische Darstellung komplexer Zahlen

Bisher haben wir die komplexen Zahlen rein algebraisch betrachtet. Man kann sie jedoch auch anschaulich geometrisch darstellen. Eine Möglichkeit dazu fand der deutsche Mathematiker Carl Friedrich Gauß.

6.1 Die Gaußsche Zahlenebene

Alle reellen Zahlen lassen sich auf einer Zahlengeraden veranschaulichen. Nun ist es naheliegend, die komplexen Zahlen, da sie geordnete *Paare* reeller Zahlen sind, als Punkte in einem kartesischen Koordinatensystem darzustellen. Dabei soll die Abszisse des Punktes dem Realteil und die Ordinate des Punktes dem Imaginärteil der komplexen Zahl entsprechen.

Diese Zahlenebene, in der jeder komplexen Zahl $z = a + bi$ genau ein Punkt $Z(a|b)$ und in der umgekehrt jedem Punkt Z genau eine komplexe Zahl z zugeordnet wird, ist die *Gaußsche Zahlenebene*.

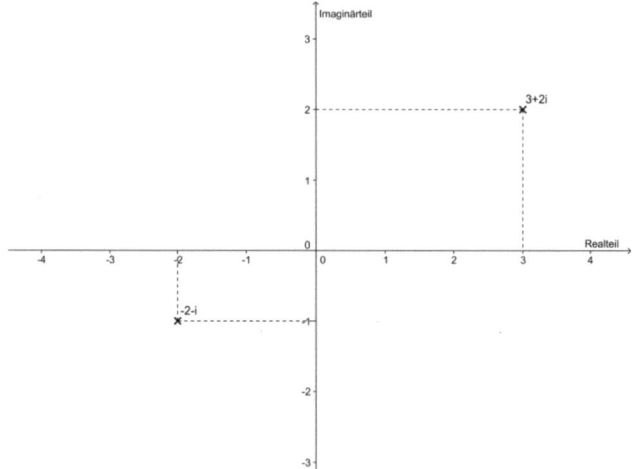

Hier wurden beispielhaft die komplexen Zahlen $z_1 = 3 + 2i$ und $z_2 = -2 - i$ dargestellt.

6.2 Vektorinterpretation

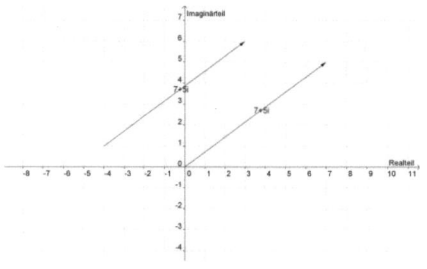

Alternativ können komplexe Zahlen auch als Vektoren in der Gaußschen Zahlenebene interpretiert werden. Dabei wird jeder komplexen Zahl $z = a + bi$ der Vektor (a, b) zugeordnet. Die Vektoren können verschoben werden. Das heißt, zwei Vektoren gleicher Länge, Richtung und Orientierung werden als gleich angesehen. Diese Interpretation ist gleichwertig mit der Auffassung komplexer Zahlen als Punkte, da auch bei der Vektorinterpretation jeder komplexen Zahl genau ein Vektor zugeordnet wird und umgekehrt.

In der Skizze sind beispielsweise zwei Vektoren gleicher Länge, Richtung und Orientierung dargestellt, die beide die komplexe Zahl $7 + 5i$ repräsentieren.

6.3 Polarkoordinatendarstellung komplexer Zahlen

Im vorigen Abschnitt haben wir komplexe Zahlen in kartesischen Koordinaten ausgedrückt. Man kann sie jedoch auch im Polarkoordinatensystem darstellen. Dazu betrachten wir die komplexe Zahl $z = a + bi$ in der Gaußschen Zahlenebene (s. rechts). Um die Polarkoordinaten zu ermitteln, müssen der Realteil a und der Imaginärteil b durch φ und r ausgedrückt

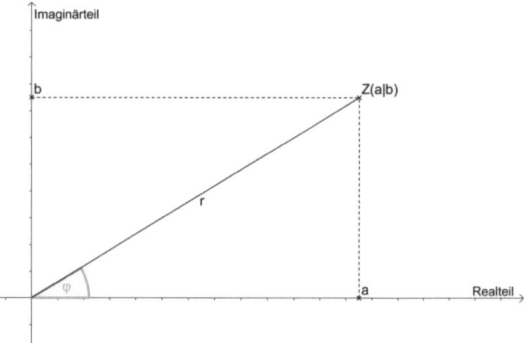

werden. Dabei heißt r der *Betrag von z* und wir erhalten ihn durch Anwendung des Satzes des Pythagoras:

Definition 3: Sei $z = a + bi$ eine komplexe Zahl.
Dann ist $r = |z| = \sqrt{a^2 + b^2}$ der Betrag von z.

Nun ist aus der Zeichnung ersichtlich, dass gilt:

$$a = r \cdot \cos \varphi$$
$$b = r \cdot \sin \varphi$$

Daraus folgt die Polarkoordinatendarstellung komplexer Zahlen:

$$\boxed{z = a + bi = r(\cos \varphi + i \sin \varphi)}$$

Die Polarkoordinatenschreibweise ist bei der Darstellung der Multiplikation komplexer Zahlen und in der Physik häufig vorteilhaft, wie wir noch sehen werden.

6.4 Geometrische Darstellung der Addition und Multiplikation

Wir wollen im Folgenden untersuchen, wie die Addition und Multiplikation komplexer Zahlen graphisch in der Gaußschen Zahlenebene veranschaulicht werden können.

6.4.1 Darstellung der Addition

Nach Definition 2 werden zwei komplexe Zahlen addiert, indem ihre Real- und Imaginärteile komponentenweise addiert werden. Für zwei komplexe Zahlen $z_1 = (a_1, b_1)$ und $z_2 = (a_2, b_2)$ ergibt sich also:

$$z_1 + z_2 = (a_1 + a_2, b_1 + b_2)$$

Dies entspricht genau der Addition zweier Vektoren. Nach Abschnitt 6.2 können komplexe Zahlen auch als Vektoren interpretiert werden. Ihre Summe entspricht also der Vektorsumme:

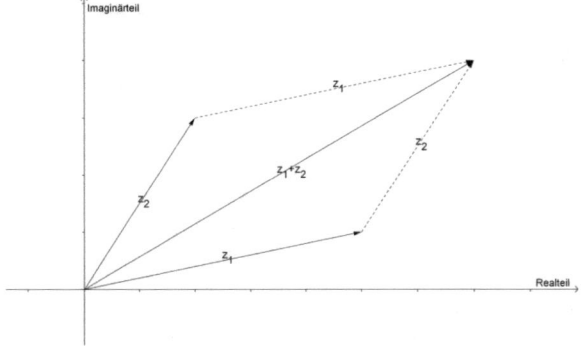

In der Abbildung werden die komplexen Zahlen z_1 und z_2 als Vektoren dargestellt. Ihre Summe $z_1 + z_2$ lässt sich durch den Vektor darstellen, den man durch Vektoraddition erhält.

6.4.2 Darstellung der Multiplikation

Bei der Multiplikation machen wir uns die Polarkoordinatendarstellung zunutze.

Gegeben seien zwei komplexe Zahlen z_1 und z_2 durch:

$$z_1 = r_1 \cdot (\cos\alpha + i \cdot \sin\alpha)$$
$$z_2 = r_2 \cdot (\cos\beta + i \cdot \sin\beta)$$

Für das Produkt ergibt sich:

$$
\begin{aligned}
z_1 \cdot z_2 &= r_1 r_2 \cdot (\cos\alpha + i \cdot \sin\alpha)(\cos\beta + i \cdot \sin\beta) \\
&= r_1 r_2 \cdot (\cos\alpha\cos\beta + i \cdot \sin\alpha\cos\beta + i \cdot \cos\alpha\sin\beta - \sin\alpha\sin\beta) \\
&= r_1 r_2 \cdot [(\cos\alpha\cos\beta - \sin\alpha\sin\beta) + i \cdot (\sin\alpha\cos\beta + \cos\alpha\sin\beta)]
\end{aligned}
$$

Nach den Additionstheoremen (s. Grundlagen) lässt sich dies vereinfachen zu:

$$z_1 \cdot z_2 = r_1 r_2 \cdot [\cos(\alpha + \beta) + i \cdot \sin(\alpha + \beta)]$$

Folglich werden zwei komplexe Zahlen multipliziert, indem ihre Beträge multipliziert und ihre Polarwinkel addiert werden.

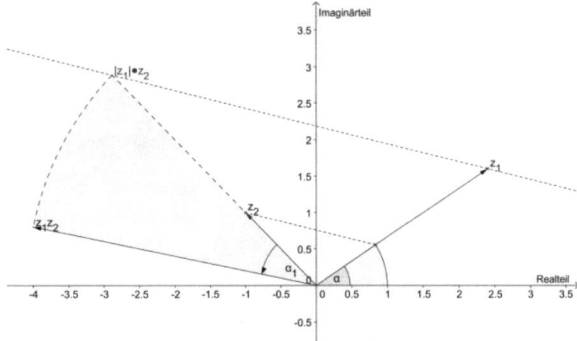

In der Abbildung wird aus den komplexen Zahlen z_1 und z_2 der Vektor konstruiert, der ihrem Produkt entspricht. Dabei wird zunächst mithilfe der Strahlensätze ein Vektor der Länge $|z_1| \cdot |z_2|$ konstruiert, der dann um die Summe der beiden Polarwinkel von z_1 und z_2 gedreht wird.

7 Anwendung komplexer Zahlen in der Physik

Obwohl - oder vielleicht gerade weil - die komplexen Zahlen zunächst äußerst abstrakt wirken, sind sie aus der modernen Physik nicht mehr wegzudenken. Sie finden Anwendung in vielen Bereichen: In der Elektrophysik bei der Wechselstromberechnung, in der Atomphysik bei der Lösung der Schrödingergleichung, die Aufenthaltswahrscheinlichkeiten von Elektronen an bestimmten Orten in der Atomhülle beschreibt, und bei der Betrachtung von Schwingungen. Letztere wollen wir uns im folgenden Kapitel als Anwendungsbeispiel komplexer Zahlen genauer ansehen. Dabei wird sich zeigen, dass sich in den komplexen Zahlen viele Probleme schneller und eleganter lösen lassen als in den reellen Zahlen. Dies erkannte bereits der französische Mathematiker Jacques Hadamard (1865-1963), der den Primzahlsatz bewies: "Der kürzeste Weg zwischen zwei Wahrheiten im Reellen führt über die komplexe Zahlenebene."[3]

Im Folgenden werden wir zunächst allgemein klären, was eine Schwingung überhaupt ist. Danach werden wir den einfachsten Fall einer Schwingung, nämlich die ungedämpfte harmonische Schwingung, betrachten und grundsätzliche Eigenschaften aufzeigen. Schließlich werden wir zur gedämpften harmonischen Schwingung gelangen. Um diese mathematisch beschreiben zu können, wird es darum gehen, die Differentialgleichung des gedämpften harmonischen Oszillators zu lösen, was wir durch komplexen Ansatz auf elegante Weise tun werden.

7.1 Was ist eine Schwingung?

Schwingungen treten in Natur und Technik häufig auf. Beispiele für Schwingungen sind das Federpendel, die Saite eines Musikinstruments, die Schwingung der Luftmoleküle bei Erzeugung eines Tons oder die Auf- und Abbewegung einer Schaukel. Dabei geht es immer um sich wiederholende Vorgänge.

Also können wir allgemein definieren:

Schwingung: Eine Schwingung ist ein periodischer Vorgang, der sich nach Ablauf einer bestimmten Zeit (Schwingungsdauer) wiederholt.

Es soll im Folgenden darum gehen, eine Schwingung exakt mathematisch zu beschreiben. Dazu muss zunächst geklärt werden, was ein mathematischer Ausdruck überhaupt darstellen soll. Betrachten wir dazu ein sich auf- und abbewegendes Federpendel. Dieses beschreibt eine Schwingung. Nun liegt die Frage nahe, wie groß die Auslenkung der Feder zu einem bestimmten Zeitpunkt ist. Folglich kann eine Schwingung durch eine Funktion $y(t)$ beschrieben werden, die die Auslenkung zu einem bestimmten Zeitpunkt t ausdrückt. Darum soll es nun gehen.

7.2 Die ungedämpfte harmonische Schwingung

7.2.1 Allgemeines

Der einfachste Fall einer Schwingung ist die ungedämpfte harmonische Schwingung.

Ungedämpfte harmonische Schwingung: Hat die Funktion der Auslenkung $y(t)$ einer Schwingung in Abhängigkeit von der Zeit die Form einer Kosinusfunktion, so handelt es sich um eine ungedämpfte harmonische Schwingung.

Eine ungedämpfte harmonische Schwingung wird also durch folgenden Ausdruck beschrieben:

$$y(t) = A \cdot \cos\left(\frac{2\pi}{T} \cdot t - \varphi\right)$$

Dazu einige Erklärungen: A ist die **Amplitude** der Schwingung und entspricht der maximalen Auslenkung, da der Ausdruck $\cos\left(\frac{2\pi}{T} \cdot t - \varphi\right)$ höchstens gleich 1 werden kann.

Der gesamte Ausdruck innerhalb der Kosinusfunktion wird als **Phase** der Schwingung bezeichnet. Dabei

---

[3]vgl. *Meier, Steuding 2009, 15*

ist φ der Phasenwinkel. Grafisch verschiebt er die Kosinusfunktion nach links bzw. rechts und er hängt damit von den Startbedingungen ab, also von der Geschwindigkeit und der Auslenkung zum Zeitpunkt $t = 0$.

T ist die **Schwingungsdauer**. Nach Ablauf der Schwingungsdauer wiederholt sich die Schwingung wieder, was durch Setzen von $t = T$ leicht überprüft werden kann. Dabei bezeichnet man $\frac{2\pi}{T}$ als **Kreisfrequenz** ω der Schwingung. Daher schreibt man Schwingungen auch oft als

$$y(t) = A \cdot \cos(\omega t - \varphi)$$

Hier eine übersichtliche Darstellung der einzelnen Komponenten der ungedämpften harmonischen Schwingung:

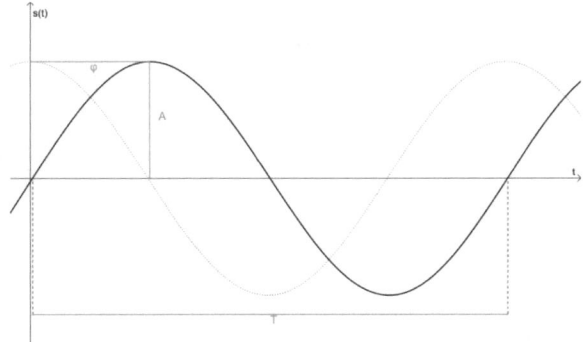

In blau ist eine ungedämpfte harmonische Schwingung mit der Phasenverschiebung 0 dargestellt. In schwarz ist die Schwingung dargestellt, die in Bezug auf jene um den Phasenwinkel φ verschoben ist.

7.2.2 Die Differentialgleichung des harmonischen Oszillators

Im letzten Abschnitt haben wir einen Ausdruck gefunden, der die Auslenkung bei einer ungedämpften harmonischen Schwingung in Abhängigkeit von der Zeit beschreibt. Nun möchten wir einen Ausdruck für die Geschwindigkeit v und Beschleunigung a finden. Dazu bilden wir die ersten beiden Ableitungen:

$$v = \dot{y} = -A\omega \cdot \sin(\omega t - \varphi)$$
$$a = \ddot{y} = -A\omega^2 \cdot \cos(\omega t - \varphi)$$

Wir sehen:

$$\ddot{y} = -A\omega^2 \cdot \cos(\omega t - \varphi) = -\omega^2 \cdot y$$

Umgeformt ergibt sich:

$$\boxed{\ddot{y} + \omega^2 \cdot y = 0}$$

Dies ist eine der wichtigsten Differentialgleichungen der Physik, die Differentialgleichung des harmonischen Oszillators. Sie beschreibt ungedämpfte harmonische Schwingungen und hat als Lösung Kosinus- bzw. Sinusfunktionen.

7.2.3 Betrachtung der Schwingung einer Feder

Nun möchten wir am Beispiel einer Feder untersuchen, wie man eine harmonische Schwingung erzeugen kann. Ursache für die Schwingung ist hier offensichtlich die Federkraft F_{Feder}:

$$F_{Feder} = -D \cdot y$$

12

Mit der Grundgleichung der Mechanik $F = ma = m \cdot \ddot{y}$ ergibt sich:

$$m \cdot \ddot{y} = -D \cdot y$$
$$\Rightarrow \ddot{y} + \frac{D}{m} \cdot y = 0$$

Wir erhalten wieder die Schwingungsgleichung, folglich vollzieht die Feder eine harmonische Schwingung. Außerdem erhalten wir durch Vergleich mit der Grundform der Schwingungsgleichung den Zusammenhang:

$$\boxed{\omega^2 = \frac{D}{m}}$$

7.3 Die gedämpfte harmonische Schwingung

Bisher haben wir die ungedämpfte harmonische Schwingung betrachtet. Wie wir jedoch aus unserer Alltagserfahrung wissen, kommt diese in der Natur fast niemals vor. Stoßen wir beispielsweise ein Federpendel an, so schwingt es nicht unbegrenzt weiter, sondern die Amplitude nimmt im Laufe der Zeit ab, bis das Federpendel schließlich nicht mehr schwingt, zumindest nicht mehr für das menschliche Auge sichtbar. Eine derartige Schwingung, bei der die Amplitude im Laufe der Zeit abklingt, heißt gedämpfte harmonische Schwingung.

Ursache der Dämpfung ist die Reibung, also all die Kräfte, die zwischen der Schwingung und anderen Molekülen der Bewegung entgegenwirken, beispielsweise die Luftreibung. Der Einfachheit halber wollen wir im Folgenden die Reibung durch die Annahme annähern, dass sie proportional zur Geschwindigkeit des schwingenden Objekts ist, was in der Natur häufig der Fall ist.

Wir wollen im Folgenden eine gedämpfte Federbewegung betrachten. Es wirken hier insgesamt zwei Kräfte, nämlich die Federkraft F_{Feder}, die wir nach dem Hooke'schen Gesetz erhalten, und die Reibungskraft $F_{Reibung}$, die, wie gerade beschrieben, proportional zur Geschwindigkeit sei. Also soll gelten:

$$F_{Feder} = -D \cdot y$$
$$F_{Reibung} = -k \cdot v = -k \cdot \dot{y}$$

Dabei ist D die Federkonstante und k der Proportionalitätsfaktor der Reibungskraft. v ist die Geschwindigkeit des schwingenden Körpers und entspricht der ersten Ableitung des Ortes nach der Zeit, also $\dot{y}$. Für die Kräftebilanz ergibt sich dann:

$$F_{Gesamt} = F_{Feder} + F_{Reibung}$$
$$\Leftrightarrow m\ddot{y} = -D \cdot y - k \cdot \dot{y}$$
$$\Leftrightarrow m \cdot \ddot{y} + k \cdot \dot{y} + D \cdot y = 0$$

Somit erhalten wir die Differentialgleichung für die gedämpfte harmonische Schwingung, die nun gelöst werden muss, um einen Ausdruck für die Auslenkung y in Abhängigkeit von der Zeit zu erhalten.

Dazu müssen wir einen geeigneten Lösungsansatz wählen. Da sich die natürliche Exponentialfunktion beim Ableiten selbst reproduziert und damit in der Gleichung aufgrund derer Homogenität letztlich herausgekürzt werden kann, ist dieser Ansatz besonders elegant. Wir machen also den Lösungsansatz $y = A \cdot e^{\lambda t}$. Daraus ergibt sich für die Ableitungen:

$$y = A \cdot e^{\lambda t}$$
$$\dot{y} = A\lambda \cdot e^{\lambda t}$$
$$\ddot{y} = A\lambda^2 \cdot e^{\lambda t}$$

Einsetzen in unsere Differentialgleichung liefert:

$$m \cdot A\lambda^2 \cdot e^{\lambda t} + k \cdot A\lambda \cdot e^{\lambda t} + D \cdot A \cdot e^{\lambda t} = 0$$

Division durch $Ame^{\lambda t}$ ergibt:

$$\lambda^2 + \frac{k}{m} \cdot \lambda + \frac{D}{m} = 0$$

$$\lambda_{1/2} = -\frac{k}{2m} \pm \sqrt{\frac{k^2}{4m^2} - \frac{D}{m}}$$

Aus dem Abschnitt 7.2.3 wissen wir, dass $\frac{D}{m}$ dem Quadrat der Kreisfrequenz entspricht. In diesem Fall entspricht es dem Quadrat derjenigen Frequenz, mit der das System schwingen würde, wenn es nicht gedämpft würde, der sogenannten **Eigenkreisfrequenz** ω_0. Es ist also $\frac{D}{m} = \omega_0^2$. Weiterhin definieren wir der Übersichtlichkeit halber die Konstante $\gamma := \frac{k}{2m}$. Eingesetzt ergeben sich als Lösungen für λ:

$$\lambda_{1/2} = -\gamma \pm \sqrt{\gamma^2 - \omega_0^2}$$

Eingesetzt in unseren Lösungsansatz $y = A \cdot e^{\lambda t}$ ergibt sich:

$$y_1 = A \cdot e^{t(-\gamma + \sqrt{\gamma^2 - \omega_0^2})} \quad \wedge \quad y_2 = A \cdot e^{t(-\gamma - \sqrt{\gamma^2 - \omega_0^2})}$$

Für lineare Differentialgleichungen gilt nun der Satz: Sind y_1 und y_2 Lösungen der Differentialgleichung, so sind auch alle Linearkombinationen Lösungen der Gleichung. Also erhalten wir die Menge aller Lösungen der DGL aus:

$$
\begin{aligned}
y(t) &= C_1 \cdot e^{t(-\gamma + \sqrt{\gamma^2 - \omega_0^2})} + C_2 \cdot e^{t(-\gamma - \sqrt{\gamma^2 - \omega_0^2})} \\
&= C_1 \cdot e^{-\gamma t + t\sqrt{\gamma^2 - \omega_0^2}} + C_2 \cdot e^{-\gamma t - t\sqrt{\gamma^2 - \omega_0^2}} \\
&= e^{-\gamma t} \cdot \left[C_1 \cdot e^{t\sqrt{\gamma^2 - \omega_0^2}} + C_2 \cdot e^{-t\sqrt{\gamma^2 - \omega_0^2}} \right]
\end{aligned}
$$

Um diese Bewegung physikalisch zu interpretieren, ist eine Fallunterscheidung nötig:

1. Fall: $\gamma < \omega_0$: Hier kommen nun die komplexen Zahlen ins Spiel. Denn für $\gamma < \omega_0$ wird $\sqrt{\gamma^2 - \omega_0^2}$ komplex, da der Radikant negativ wird. Damit können wir schreiben:

$$y(t) = e^{-\gamma t} \cdot \left[C_1 \cdot e^{ti\sqrt{\omega_0^2 - \gamma^2}} + C_2 \cdot e^{-ti\sqrt{\omega_0^2 - \gamma^2}} \right]$$

Somit erhalten wir einen komplexen Ausdruck. Mathematisch sind dies nun alle Lösungen. Den Physiker interessieren jedoch nur die Lösungen, bei denen $y(t)$ reell ist, da er einen komplexen Ausdruck für eine Bewegung nicht interpretieren kann. Also müssen wir untersuchen, wann der Ausdruck $\left[C_1 \cdot e^{ti\sqrt{\omega_0^2 - \gamma^2}} + C_2 \cdot e^{-ti\sqrt{\omega_0^2 - \gamma^2}} \right]$ reell wird und um was für einen Ausdruck es sich dann handelt.

Um dies herzuleiten, benutzen wir die Eulerformel, die wahrscheinlich schönste Formel der gesamten Mathematik:

$$e^{i\varphi} = \cos\varphi + i \cdot \sin\varphi$$

Die Eulerformel kann durch Potenzreihenentwicklung bewiesen werden. Dies würde jedoch hier zu weit führen, deshalb nehmen wir sie als gegeben hin. Damit können wir nun die komplexen Exponentialfunktionen in trigonometrische Funktionen umwandeln. Der Einfachheit halber setzen wir $\sqrt{\omega_0^2 - \gamma^2} := \omega$:

$$
\begin{aligned}
y(t) &= e^{-\gamma t} \cdot [C_1 \cdot (\cos(\omega t) + i\sin(\omega t)) + C_2 \cdot (\cos(\omega t) - i\sin(\omega t))] \\
&= e^{-\gamma t} \cdot [\cos(\omega t)(C_1 + C_2) + i\sin(\omega t)(C_1 - C_2)]
\end{aligned}
$$

Wie können wir es nun erreichen, dass $y(t)$ reell wird? Offensichtlich muss dazu $C_1 + C_2$ reell und $C_1 - C_2$ rein imaginär sein. Dies ist genau dann der Fall, wenn $C_1 = a + bi$ und $C_2 = a - bi$ sind. Einsetzen liefert:

$$
\begin{aligned}
y(t) &= e^{-\gamma t} \cdot [2a\cos(\omega t) + 2bi^2\sin(\omega t)] \\
&= e^{-\gamma t} \cdot [2a\cos(\omega t) - 2b\sin(\omega t)]
\end{aligned}
$$

14

Um dies weiter zusammenzufassen, führen wir eine Konstante A ein:

$$y(t) = Ae^{-\gamma t} \cdot \left[\frac{2a}{A} \cos(\omega t) - \frac{2b}{A} \sin(\omega t) \right]$$

$$= Ae^{-\gamma t} \cdot [\cos\varphi \cos(\omega t) - \sin\varphi \sin(\omega t)]$$

Dabei müssen natürlich A und φ so gewählt werden, dass sie $\cos\varphi = \frac{2a}{A}$ und $\sin\varphi = \frac{2b}{A}$ erfüllen. Nun können wir mithilfe der Additionstheoreme vereinfachen zu:

$$\boxed{y(t) = Ae^{-\gamma t} \cdot \cos(\omega t + \varphi)}$$

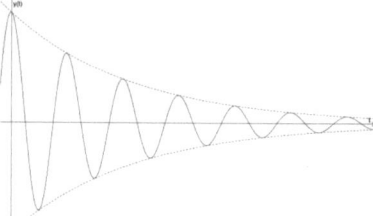

Nun haben wir einen Ausdruck für die gedämpfte harmonische Schwingung für $\gamma < \omega_0$ gefunden. Doch was sagt dieser Term aus? Bei $\cos(\omega t + \varphi)$ handelt es sich offensichtlich um eine harmonische Schwingung. Der Faktor $Ae^{-\gamma t}$ beschreibt eine Amplitude, die im Laufe der Zeit exponentiell abfällt. Folglich klingt die gedämpfte harmonische Schwingung exponentiell ab (s. rechts).

2. Fall: $\gamma \geq \omega_0$: Zunächst multiplizieren wir die Klammer aus:

$$y(t) = e^{-\gamma t} \cdot \left[C_1 \cdot e^{t\sqrt{\gamma^2 - \omega_0^2}} + C_2 \cdot e^{-t\sqrt{\gamma^2 - \omega_0^2}} \right]$$

$$= C_1 \cdot e^{t \cdot (-\gamma + \sqrt{\gamma^2 - \omega_0^2})} + C_2 \cdot e^{t \cdot (-\gamma - \sqrt{\gamma^2 - \omega_0^2})}$$

Für alle $\gamma \geq \omega_0$ stellen beide Summanden abklingende Exponentialfunktionen dar. Daher handelt es sich gar nicht mehr um eine Schwingung, sondern die Amplitude fällt einfach ab. Es liegt eine starke Dämpfung vor und man spricht vom **aperiodischen Fall**.

Nun haben wir die modifizierte Differentialgleichung der gedämpften harmonischen Schwingung gelöst und die Lösungen physikalisch interpretiert. Dies funktionierte nur mithilfe der komplexen Zahlen: Wir erhielten zwei komplexe Lösungen für die DGL. Den Physiker interessierten aber nur die rein reellen Lösungen. Um diese herauszufiltern, benutzten wir die Eulersche Formel, was nur aufgrund der komplexen Zahlen möglich war, und gelangten so schnell zur Lösung. Somit spielten die komplexen Zahlen eine zentrale Rolle bei all unseren Betrachtungen.

Auf ähnliche Weise könnten wir bei erzwungenen Schwingungen verfahren. Auch dort kämen wir um die komplexe Schreibweise nicht herum.

8 Nachwort

Damit sind wir am Ende unseres Streifzuges durch die komplexen Zahlen. Ziel war es, die Grundlagen zu komplexen Zahlen anschaulich darzustellen. Angefangen haben wir bei der algebraischen Einführung komplexer Zahlen als Erweiterung des reellen Zahlenkörpers. Dann haben wir mit der Gaußschen Zahlenebene eine Möglichkeit gefunden, komplexe Zahlen grafisch darzustellen und schließlich haben wir gezeigt, dass komplexe Zahlen auch Anwendung außerhalb der Mathematik finden.

Dabei wären besonders die innermathematischen Zusammenhänge noch äußerst interessant. Oft ergeben sich wunderschöne Zusammenhänge, beispielsweise die bereits angeführte Eulerformel, die in der Form $e^{i\pi} + 1 = 0$ die wichtigsten mathematischen Objekte, nämlich die transzendenten Zahlen π und e, die imaginäre Einheit i und die Zahlen 0 und 1 miteinander verknüpft. Doch auch darüber hinaus ergeben sich in der Funktionentheorie, also der Analysis komplexer Veränderlicher, schöne und auch verblüffende Erkenntnisse und manche Sätze über reelle Zahlen können mithilfe der komplexen Zahlen viel kürzer und eleganter bewiesen werden.

Wir sehen also: Das Themenfeld der komplexen Zahlen ist sehr weit, aber auch äußerst interessant.

9 Literaturverzeichnis

1. R. Danckwerts, F. Padberg, M. Stein (1. Aufl. 1995): *Zahlbereiche - Eine elementare Einführung*. Spektrum Akademischer Verlag, Heidelberg, Berlin, Oxford.

2. W. Demtröder (3. Aufl. 2004): *Experimentalphysik 1: Mechanik und Wärme*. Springer Verlag, Berlin.

3. D. Halliday, R. Resnick, J. Walker (2003): *Physik*. WILEY-VCH GmbH u. Co. KGaA, Weinheim.

4. H. Heuser (17. Aufl. 2009): *Lehrbuch der Analysis Teil 1*. Vieweg+Teubner, Wiesbaden.

5. K. Knopp (8. Aufl. 1971): *Elemente der Funktionentheorie*. Walter de Gruyter u. Co, Berlin.

6. P. Meier, J. Steuding (2009): *Die Riemannsche Vermutung*. In: Pöppe, C. (Hrsg.) (2009): *Spektrum der Wissenschaft Dossier: Die größten Rätsel der Mathematik*, Seite 12-19.

7. C. Niederdrenk-Felgner (1. Aufl. 1985): *Komplexe Zahlen*. Ernst Klett Schulbuchverlag, Stuttgart.

8. M. R. Spiegel (1964): *Complex Variables*. McGRAW-HILL BOOK COMPANY, Great Britain.

Die Zeichnungen wurden allesamt mit dem dynamischen Geometrieprogramm "GeoGebra" erstellt.